探索 宇宙奥秘

恒星世界

科普文化站◎主编

应急管理出版社
·北京·

图书在版编目（CIP）数据

恒星世界／科普文化站主编． --北京：应急管理
出版社，2022（2023.5 重印）
（探索宇宙奥秘）
ISBN 978-7-5020-6142-5

Ⅰ.①恒…　Ⅱ.①科…　Ⅲ.①恒星—儿童读物　Ⅳ.
①P152-49

中国版本图书馆 CIP 数据核字（2022）第 035157 号

恒星世界（探索宇宙奥秘）

主　　编　科普文化站
责任编辑　高红勤
封面设计　陈玉军

出版发行　应急管理出版社（北京市朝阳区芍药居 35 号　100029）
电　　话　010-84657898（总编室）　010-84657880（读者服务部）
网　　址　www.cciph.com.cn
印　　刷　三河市南阳印刷有限公司
经　　销　全国新华书店

开　　本　880mm×1230mm$^1/_{32}$　印张　24　字数　430 千字
版　　次　2022 年 11 月第 1 版　2023 年 5 月第 2 次印刷
社内编号　20200873　　　　　定价　120.00 元（共八册）

前言

宇宙是怎么诞生的？银河系是如何被科学家发现的？除了太阳，太阳系家族还有哪些成员？恒星离我们有多远？月球车在月球上发现了什么？航天员在太空中是怎样生活的……宇宙是如此浩瀚而神秘，激发着我们的好奇心和求知欲，驱使着我们不断地去探索、去揭开那些鲜为人知的奥秘。

为了满足孩子们的好奇心和求知欲，激发他们的科学探索精神，我们精心编排了这套《探索宇宙奥秘》丛书。这是一套图文并茂的少儿科普书，集趣味性、知识性、科学性于一体，囊括了太阳系、银河系、地球、恒星、月球等天文学知识。本系列丛书从孩子的视角出发，精心选取孩子感兴趣的热门话题，根据他们的阅读特点和认知规律进行编排，以带给孩子美好的阅读体验。

赶快翻开这本书，让我们一起推开未知世界的大门，尽情感受宇宙的广阔与奥妙吧！

目录

恒星从何而来

宇宙是以恒星为主的世界，恒星分布在宇宙中的各个角落。从诞生的那天起，它们就聚集成群，交相辉映，组成双星、星团、星系……

认识恒星

在地球上遥望夜空，肉眼可看到的小小的、闪着光的星星大部分是恒星。恒星主要由炽热的气体组成，自己能够发光、发热。一般来说，恒星的体积和质量都比

较大。只是由于距离地球太遥远，星光才显得那么微弱。离地球最近的恒星是太阳。

据研究，自银河系形成之后，恒星就在持续地产生和演化着。虽然我们仍无法完整地观测到一颗恒星从诞生到消亡的演化过程，但我们观测到了大量处于不同演化阶段的恒星。结合实际观测和理论分析，天文学家们现在已经研究

超神奇！

古代的天文学家认为恒星在天空的位置是固定的，所以给它们起名为"恒星"，意思是"永恒不变的星"。可是今天，我们已经知道恒星其实在不停地高速运动着，比如太阳就带着整个太阳系在绕银河系的中心运动。起初，人们之所以认为恒星不动，是因为它们离我们实在太远，以至我们难以觉察到它们位置的变动。

出了恒星的形成和演化过程。

　　恒星诞生于太空中的星际尘埃（科学家形象地称其为"星云"或者"星际云"）。

　　恒星的"青年时代"——主序星阶段是它一生中最长的黄金阶段，这一阶段约占它整个寿命的90%。在这段时间内，恒星以恒定光度发光发热，照亮周围的宇宙空间。

　　在此以后，恒星将变得动荡不安，逐渐变成一颗红巨星。然后，红巨星将在爆发中完成它的全部使命，把自己的大部分物质抛射回太空中，留下的残骸，也许是白矮星，也许是中子星，甚至是黑洞……

　　就这样，恒星源于星云，又归于星云，过完了它辉煌的一生。

1955 年，苏联著名天文学家阿姆巴楚米扬提出了"超密说"，并以此来说明天体和宇宙的起源。他认为，天体演化的方向是由密到稀，并强调了在天体演化中爆炸、瓦解、分裂的重要性。而恒星是由一种神秘的"超密物质"爆炸而形成的，这种"超密物质"体积极小、密度极大，但还不清楚它的具体性质。由于"超密说"的物理机制尚不完善，因此大多数科学家不接受这种观点。

与"超密说"不同的是"弥漫说"。"弥漫说"认为恒星的形成可分为两个阶段：先由低

宇宙科学馆

恒星的生命结束后，会把自身的物质抛回星际介质中，下一代恒星则会从中形成。

密度的星际物质凝聚成星云，接着进一步收缩成原恒星，然后发展成为恒星。"弥漫说"的渊源可以追溯到 18 世纪康德和拉普拉斯的"星云说"。"星云说"认为初始宇宙中充满了非常稀薄的星际气体和细小的尘埃物质，这些物质密度极低，主要成分是氢（91%）和氦（9%）。它们在宇宙各处逐渐聚集成许多庞大的星际云，星际云内会诞生恒星，形成星系。

当星云中某处的质量变得足够大并开始利用引力吸引其他物体时，恒星就会开始形成。从星云演变为恒星分为两个阶段：第一阶段是快收缩阶段，需要经历几十万年；第二阶段是慢收缩阶段，需要经历上千万年。星云经过快收缩后半径变为原来的百分之一，而平均密度提高了一亿倍，最后形成了恒星的雏形——"星坯"。

恒星离我们有多远

恒星与地球之间的距离是我们研究恒星之路上的重要信息。那么，天文学家们是怎样测量恒星与地球之间的距离的呢？

恒星的距离

要想计算恒星的距离，就必须先了解一个距离单位——光年。一光年就是光在真空当中沿直线行进一年所走过的距离。真空中光速每秒约 30 万千米，那么光行进一年的距离约为 9.4605×10^{15} 米。宇宙中天体间的距离都非常远，所以天文学家用"光年"作为天体间距离的计量单位。

天文学家利用三角视差法、星团视差法、分光视差法、造父视

差法、统计视差法和力学视差法等测定恒星与地球之间的距离。恒星与地球距离的测定，对于研究恒星的空间位置、计算恒星的运动速度和光度等，都有十分重要的意义。

超神奇！

造父变星是变星的一种，其光变周期与光度成正比。这样，测量未知距离的星团、星系时，只要观测到其中的造父变星，就可以确定其距离。造父变星因此成了"量天尺"。

　　如果地球没有绕太阳转动，那么从地球上看同一颗恒星，它的方向就不会有差异。既然地球是绕太阳运动的，那么地球在其轨道上的位置就会发生变化，所以从地球上观测某一颗恒星时，它的方向就必然会发生变化，也就会产生视差。1543年，波兰天文学家哥白尼提出"日心说"以后，很多人想要观测出恒星的视差，以此来验证"日心说"是否正确。但是，此后的300年间，因数值实在太小或观测精度不够，没人成功测出恒星的视差，以致人们开始怀疑哥白尼的学说是否正确。直到1837年，几位天文学家终于利用"目视法"测出了恒星周年视差，这不仅是第一次成功测量出恒星的距离，同时也让明了哥白尼的"日心说"的科学性。

恒星的分布

　　银河系是太阳系所在的星系，其中有约2000亿颗恒星，除了单独的恒星，还有两颗恒星在

各自的轨道上环绕着一个质量中心的联星系统，以及三颗或更多恒星组成的多星系统。不仅如此，银河系中还存在着更大的星群，被称为星团。目前观测到的恒星中多数属于多星系统。随着红矮星等较小的恒星被发现，单独的恒星有所增加，只有少数红矮星被发现有伴星。

恒星在宇宙中的分布并不均匀，通常伴随着星际间的气体、尘埃等存在于星系中。一个标准的星系中存在

宇宙科学馆

在天气晴朗的夜晚，我们可以看到满天繁星。据相关研究可知，我们用正常视力的肉眼能看到的恒星约有6500颗。但人类只能看到半个天球，所以在同一时间，我们能看到的恒星有3000多颗。

数千亿颗恒星，而在人类观测到的宇宙中，有超过 1000 亿个星系。过去天文学家们认为恒星只存在于星系之中，但后来在星系外的空间中也发现了恒星。

除太阳之外，距离地球最近的恒星是半人马座的比邻星，距离地球 4.22 光年。在地球的空间轨道上飞行的人造卫星的速度约为每秒 8000 米，时速接近 3 万千米，以这样的速度仍然需要 15 万年才能到达比邻星。像这样的距离，在星系中是很常见的。在靠近星系中心的地方，恒星之间的距离会越来越近，而在远离星系中心的地方，恒星间的距离则会越来越远。

恒星为什么会发光

太阳是距离地球最近的恒星，太阳给了地球阳光，地球上的生物也依赖阳光而生存。那么，太阳为什么会发光呢？恒星都会发光吗？

恒星的热核聚变反应

恒星内部的温度高达 1000 万摄氏度以上，压力也极大，恒星内部的物质在这样的高温高压下会发生热核聚变反应。在热核聚变过程中，氢原子核先聚变成氦原

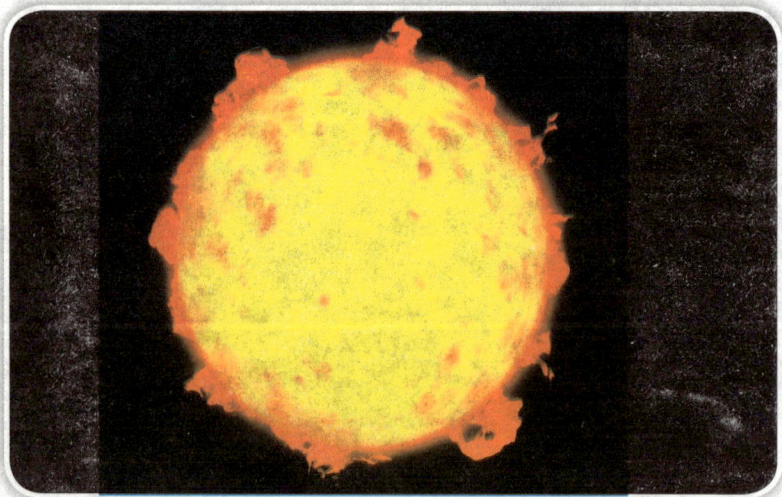

子核，氦原子核再聚变成更重的原子核。在热核聚变过程中，核能以辐射方式为主，从恒星的内部穿透外壳向外传播，在这个过程中，恒星会损失自身一部分的质量，释放出巨大的能量。正是恒星内部的热核聚变反应产生的能量不断向宇宙空间发射，才使恒星在宇宙中长久地闪烁光芒。

恒星的视星等

超神奇！

我们最熟悉的太阳的视星等为 −26.75，除了太阳之外，最亮的恒星天狼星的视星等为 −1.46，此外著名的牛郎星的视星等为 0.77，织女星为 0.03。

夜空中繁星满布，有明亮的，也有暗淡的。公元前 2 世纪，古希腊天文学家喜帕恰斯根据肉眼能够看到的星星的明亮程度，把它们分成六个等级，其中最亮的是

1 等星，最暗的是 6 等星。人的眼睛可以看到的最暗的星是 6 等星。但是人眼看到的只是天体的视觉亮度，一颗亮星可能因为距离很远而显得较暗，而一颗暗星也可能因为距离很近而显得很亮。

英国天文学家普森在 1850 年发现，1 等星比 6 等星亮 100 倍，于是他量化并重新定义了星等，正式提出视星等的尺度，每级之间亮度相差 2.512 倍。后来一些天文学家发现，这六个等级不足以完全区分所有被发现的天体的亮度，于是视星等的定义又一次被延展，引入了"负星等"的概念。

恒星的光度

恒星的视星等是指我们肉眼看到的恒星的明亮程度，也就是恒星在地球处的照度，并不代表恒星真实的发光强弱。

恒星的光度，就是整个恒星表面每秒发射出的所有辐射能量的总和，它表示的是恒星本身辐射能量本领的

强弱。恒星的表面积和温度决定了恒星的光度，恒星表面积越大，光度就越大；恒星温度越高，光度也越大。

天文学家把光度大的恒星称为巨星，把光度小的称为矮星。光度比巨星还要大的叫超巨星。从表面积和温度决定恒星光度的规律可以知道，光度大的巨星，体积也大；光度小的矮星，体积也小。天文学家常以太阳的光度作为恒星光度的单位。

天文学家常用绝对星等来表示恒星光度的大小，它代表着恒星的真实亮度。绝对星等是指假定将恒星放在距离地球10秒差距（秒差距为长度单位，1秒差距约为3.261光年）处所观测到的视星等。

宇宙科学馆

通常绝对星等以大写英文字母 M 表示。绝对星等是光度的另一种表示，而且绝对星等可以和视星等用公式转换，公式如下： $M=m+5-5\lg r$ 。 M 为绝对星等； m 为视星等； r 为距离（秒差距）。

恒星是如何运动的

恒星始终在绕自身极轴进行自转，而且在相互绕公共重心运动，以及进行空间运动等。恒星的运动速度十分惊人，最高可达每秒几百千米。

恒星的自转

1909 年，美国天文学家施莱辛格在研究分光食双星天秤座 δ 时，首次发现了恒星也存在自转运动。施莱辛格的发现是除太阳之外，第一个令人信服的恒星自转的证据。

恒星自转是指恒星绕着自身极轴的转动。恒星自转会使恒星光谱吸收线加宽，因此可根据恒星谱线的宽度测定其自转速度。不同类型的恒星有着不同的自转速度，例如早型星的自转速度比晚型星

的快。不同年龄的恒星自转速度也有很大差异。恒星形成后以及处在主序星阶段时自转速度很快，处在白矮星阶段的恒星体积变得很小，白转速度大大加快。一些特殊的恒星，如密度极高的中子星，自转速度比白矮星还要快，一般有每秒几百转。

超神奇！

2020 年 4 月，中国科学院国家天文台研究团队发现一颗迄今为止银河系自转速度最快的恒星，其自转速度约为每秒 540 千米，是太阳自转速度的 250 倍。因为转得太快，它的星体已经被压扁了。

恒星的自行

恒星的自行是指恒星相对于太阳每年移动的角度，也指在垂直于观测者视线方向每年移动的距离形成的角度。恒星的自行速度一般很小，现已测出的恒星的自行速度，绝大多数小于 0.1 角秒 / 年，只有 400 多颗恒星的自行速度等于或大于 1 角秒 / 年。

由于恒星的自行速度很小，所以在短时间内很难看出恒星在天球上位置的变化。但是只要时间足够长，这种变化也能够被观察到。例如众所周知的北斗七星，几十万年前，它的形状和现在的形状是有很大区别的，那时的"勺柄"近乎成一条直线。

全天恒星之中，包括那些肉眼看不见的很暗的恒星在内，自行速度最大的是巴纳德星，达到 10.3 角秒 / 年。

恒星自行速度的大小并不能代表恒星真实运动的快慢。同样的运动速度，远距离看上去就很慢，近距离看上去会很快。因为巴纳德星离我们很近，仅为 5.9 光年，所以它看上去速度很快，其实它真实的运动速度只有 88 千米 / 秒。

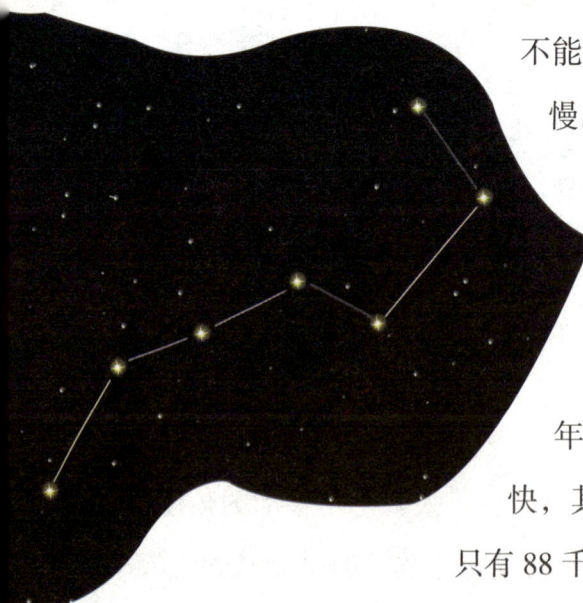

恒星在空间相对于太阳的运动速度分为相互垂直的两个分量：恒星运动方向与我们视线方向相垂直的称为切向速度，由恒星自行和恒星距离计算得到；恒星运动方向与我们视线方向一致的称为视向速度，由恒星光谱线的多普勒位移确定。负的视向速度表示向我们接近，而正的视向速度表示离我们而去。

正因为恒星是运动着的，为了记录其运动、颜色、亮度等性质，才必须为每颗恒星取一个名字。而恒星的命名体系及星表，又要以星座为基础。深奥的恒星运动，就这样与有趣的星座产生了联系。

宇宙科学馆

1718 年，英国天文学家哈雷把自己测定的大角星和天狼星的位置，与古罗马天文学家托勒密的观测结果进行了对比，发现 1500 多年过去，这两颗恒星有了明显位移。由此，他发现了恒星自行，打破了恒星不动的固有观念。

恒星的颜色之谜

我们已经知道恒星是因为热核聚变才发光的，也知道太阳是一颗黄色的恒星，而宇宙中的恒星会发出五颜六色的光芒，它们的颜色为什么不一样呢？

恒星的光谱

1666年，牛顿首次发现太阳光通过玻璃三棱镜可以分解出从紫到红的彩带，这就是光谱。1872年，美国天文学家亨利·德雷珀第一次拍下了恒星（织女星）的光谱。

恒星光谱就是恒星星光经过色散系统（光栅或棱

镜）分解后形成的七色光带。恒星光谱的形态由恒星的物理性质、化学成分和运动状态决定。光谱中蕴含着关于恒星的各种信息。不同恒星光谱的谱线数目、分布、形状和强度都不同，其中大部分是地球上存在的化学元素的谱线。科学家通过研究恒星的光谱，可以测定恒星的组成元素、表面温度和压力，甚至可以测定恒星运动的视向速度等。

20世纪初，美国哈佛大学天文台研究了几十万颗恒星的光谱，根据它们中谱线出现的情况将恒星光谱分类，这便是哈佛分类系统。在哈佛分类系统中，按恒星的表面温度由高到低排序，恒星的光谱被分成了七大类型。这些类型都与颜色有关系，分别是蓝色的 O 型、蓝白色的 B 型、白色的 A 型、黄白色的 F 型、黄色的 G 型、橙色的 K 型、红色的 M 型，其中蓝色的温度高，红色的温度低。另外还有罕见的 S、R、N 等光谱类型，它们只适用于极少数恒星。

总而言之，恒星光谱是了解恒星物理、化学成分的关键。

恒星的颜色与温度

你是否观察过炼钢的过程：当钢铁在钢炉里熔化成钢水时，温度很高的钢铁呈现蓝白色，钢水出炉后慢慢冷却，它的颜色变为白色，接着变成黄色，再由黄变红，最后变成黑色。可见，物体的颜色受物体温度影响，宇

超神奇！

2011 年，美国天文学和天体物理学教授凯文·鲁荷曼和他的研究团队发现了一颗迄今为止温度最低的恒星——WD 0806-661 B。据观测，它的表面温度只有 26 ~ 71℃，可能还没有人的体温高。

宙中的恒星也是如此。通过了解恒星的光谱，我们已经知道，恒星的颜色和它们的温度有很大关系。天体的温度不同，它们发出的光在不同波段的强度也是不一样的。

一般来说，蓝色恒星有效温度为 40000～30000 开尔文，如车府增十一、参宿一、参宿三等。白色恒星有效温度为 10000～7500 开尔文，如天狼星、织女星、牛郎星、北落帅门等。黄色恒星有效温度为 6000～5000 开尔文，如五车二和南门二等。红色恒星有效温度为 3500～2500 开尔文，如参宿四和心宿二等。

宇宙科学馆

太阳的表面温度约 6000 开尔文，从温度来看，太阳应该是一颗黄色的恒星，那为什么我们白天看见的太阳一直是白色的呢？这是因为太阳光透过大气层被散射了。而早上和晚上太阳发红光，是因为地球大气层对太阳光中的蓝光散射率最大。

恒星的大小差异

星空中的恒星，用肉眼看起来似乎都是小小的亮点。但是实际上恒星与恒星之间的体积有很大的差距。既然恒星有大有小，那么天文学家是用什么方法测出恒星大小的呢？

恒星的大小

在浩瀚的宇宙中，太阳只是中等大小的恒星。有比太阳直径大得多的恒星，如天蝎座 α 星，半径是太阳的600 倍；也有直径仅为太阳的百分之一甚至更小的恒星，如天狼星的伴星天狼星B，它是一颗白矮星，大小和地球差不多。

在天文学上可以采用干涉法和月掩星法等方法测定恒星的大小。如先根据月掩星时被掩星亮度

的变化求出被掩星的角
直径，再根据观测点距
被掩星的距离，就可以
求得被掩星的真直径；也可以
根据恒星的绝对热星等或恒星光
度和表面温度求出恒星的表面积，继而算出直径。天文
学家根据一些双星特定的轨道资料，也可以算出某些恒
星的直径。

银河系著名恒星

1. 太阳

太阳是太阳系中心的恒星，太阳系中的八大行星、

小行星、彗星等都在围绕它公转。太阳的直径约为140万千米，体积是地球的130万倍，太阳的化学成分有四分之三都是氢，除此之外几乎都是氦，另外还有小部分的氧、碳等。

2.天狼星

天狼星，即大犬座 α 星，是除太阳之外全天最亮的恒星，是一个呈蓝白色的主序星。天狼星的直径约为太阳的2倍，天狼星还有一个白矮星伴星，即天狼星B，它是人类历史上最早观测到的白矮星。

3.北河三

北河三即双子座 β 星，它是一颗橙巨星，直径约为太阳的9倍，光度为太阳的40倍以上。北河三与地球之间的距离约为

超神奇！

天文学家将太阳质量作为测量恒星或星系类大型天体的质量单位。单位的大小就是太阳的总质量，约为 1.989×10^{30} 千克，用 $M_{\odot}$ 作为单位符号。太阳质量约是地球质量的33万倍。

35 光年，在银河系中北河三是离地球最近的橙巨星之一。

4. 大角星

大角星即牧夫座 α 星，我国古代称之为"栋星"。它是全天最亮的橙色红巨星，亮度排名全天第 4。大角星直径约为太阳的 26 倍，距离地球约 35 光年。

5. 毕宿五

毕宿五即金牛座 α 星，是全天第 13 亮星，颜色为橙色。研究表明它的内部有大量的碳、氧和氮，因为它已经演化为红巨星了。毕宿五的直径约为太阳的 44 倍，距离地球约 65 光年。

6. 参宿七

参宿七即猎户座 β 星，是一颗蓝超巨星，光度约为

太阳光度的 11 万倍，是全天排名第 7 的亮星，而且是肉眼所见最亮的蓝超巨星。参宿七距离地球约 850 光年。

7. 参宿四

参宿四即猎户座 α 星，是一颗红超巨星。在冬季夜空中，参宿四会和大犬座的天狼星、小犬座的南河三一起组成"冬季大三角"。因为参宿四仍然在膨胀，所以它的直径难以计算。它是一颗射电星，也是分光双星和不规则变星，距离地球约 600 光年。

8. 心宿二

心宿二即天蝎座 α 星，是一颗红超巨星，能发出火红色的光芒，是全天第 17 亮星，我国古代称其为"大火""商星"。心宿二与一颗蓝矮星组成了目视双星系统，距离地球约 410 光年。

9. 大犬座 VY

大犬座 VY 是一颗位于大犬座的红特超巨星，没有伴星。大犬座 VY 是人类目前观测

到的体积最大的红特超巨星之一，如果它爆炸了，整个银河系都能看到。距离地球约4900光年。

10. 盾牌座 UY

盾牌座 UY 是一颗位于盾牌座的红超巨星，体积极为惊人，是人类已知体积最大的恒星之一，也是一颗脉动变星。它的周围被大量的尘埃、气体遮蔽，且这些尘埃、气体透明度较低，因此，现在人们都还没有测算出它的具体大小。距离地球约 9500 光年。

宇宙科学馆

恒星体积的变化是由内部热核聚变产生的辐射压力和自身向内的引力不平衡导致的。等到太阳变成红巨星，因为核反应区域从核心转移到外围，自身引力不足以抵抗核聚变的推力，会导致体积膨胀。天文学家认为，现在太阳的体积正在发生微小的变化。

恒星的年龄和质量

人类现在观测到的恒星，它们的年龄各不相同：短的有几百万年，长的可达几十亿年。那么，天文学家是怎样测定恒星年龄的呢？

恒星年龄的测定

测定恒星年龄的方法有两种：一种是球状星团法，另一种是放射性同位素法。

球状星团法是根据球状星团的演化特征来推测恒星的年龄。假设球状星团内的所有恒星成员都是同一时期诞生的，但它们的质量各不相同。很显然，各种质量的恒星在诞生后都处于主序星阶段。经过一定时间的稳定期后，质量大、温度高的恒星首先结

束主序星阶段，演变成红巨星，这时在它们的赫罗图上就会出现一个从主序星到红巨星的转变点，转变点标志着恒星刚刚到达转变期。随着时间的推移，转变点沿着主序星的演化方向不断移动。接着，根据恒星转变点的位置，就可以大致确定球状星团的年龄。如果知道了转变点的位置，就可以从赫罗图上看出恒星的光度、温度。知道了光度，根据质光关系就可以求出质量，再考虑随时间变化过程中恒星质量的流失率，就可以求出恒星的年龄。

放射性同位素法在测定地球年龄和古树木年龄中

超神奇！

人们用球状星团法测定出一些球状星团中的恒星年龄都非常老，甚至比银河系绝大多数的恒星都要老。

常被用到。用放射性同位素法确定恒星年龄的基本原理是：铀元素（化学符号 U）有两种天然放射性同位素 U235 和 U238，它们的半衰周期（半衰周期是指放射性原子由于衰变而使数目减少到一半时所经过的时间）各不相同，但衰变产物均为铅（化学符号 Pb），U235 衰变为 Pb207，U238 衰变为 Pb206。知道了铅的两种同位素的初始比例和现今的总含量，就可以计算出地球地壳的年龄，从而推算出地球的年龄约为 46 亿年。

知道了地球的大致年龄，就可以推算出太阳的年龄大概为 50 亿年。那么质量或体积同太阳一样，光谱型又相近的恒星的年龄应该也和太阳差不多。

恒星的质量

我们知道，恒星和我们居住的地球相距非常遥远。除了太阳以外，即使是离地球最近的比邻星，也远在 4.22 光年之外。科学家已经找到了测定恒星年龄的办法，那么有什么办法能够测出恒星的质量呢？我们平时只能看到恒星所发出的光，要想近距离地去直接测出恒星的质量根本不可能。不过，既然我们离得这么远也能看到这些恒星发出的光，就说明它们的光很强，那么我们能不能利用这些光来研究恒星的质量呢？

　　科学证明这种方法是可行的。恒星长久地发出强烈的光芒，必然需要将巨大的质量转换为能量。如果知道了恒星之间的运动情况与引力关系，再根据开普勒第三定律，就可以计算出恒星间的质量关系。

　　研究表明，一般的恒星质量为太

宇宙科学馆

　　通过恒星的质量和直径数据可以计算出恒星的平均密度，不同恒星的平均密度差别极大。例如，仙王座VV红超巨星的平均密度几乎跟实验室的真空差不多；而中子星的密度可以达到实验室无法达到的超密态。

阳质量的 0.08~100 倍，大约相当于地球质量的 2 万 ~ 4000 万倍。如果质量过大，恒星就会发生激烈变化，导致质量减小；如果恒星质量过小，恒星的中心温度和压力就不够，就无法产生强大而持久的能量维持其形态，也就不能被称为恒星了。恒星之间的体积可以相差上千万倍乃至上亿倍，而质量相差仅一千余倍，因此恒星之间的密度差别自然也很大。太阳质量是地球质量的 33 万倍，可见地球质量与恒星质量相比，实在是小得可怜。

恒星上的大气和磁场

地球上的大气使地表的温度不会发生剧烈变化，还保护地球不被宇宙中的小行星袭击，而地球上的磁场可以防止地球生物被太阳风和宇宙射线伤害。那恒星上有没有大气和磁场呢？答案是有的。

恒星上的大气

恒星大气是恒星上能被直接观测到的恒星表面层。恒星大气中的化学成分主要通过研究恒星光谱中的谱线来鉴定。绝大多数恒星大气的组成成分和太阳一样，由氢、氦、碳、氮、氧、氖和金属元素组成。

通常情况下，年轻的恒星大气含氢多，含氦少；年老的恒星大气含氢少，含氦多；巨星大气比矮星

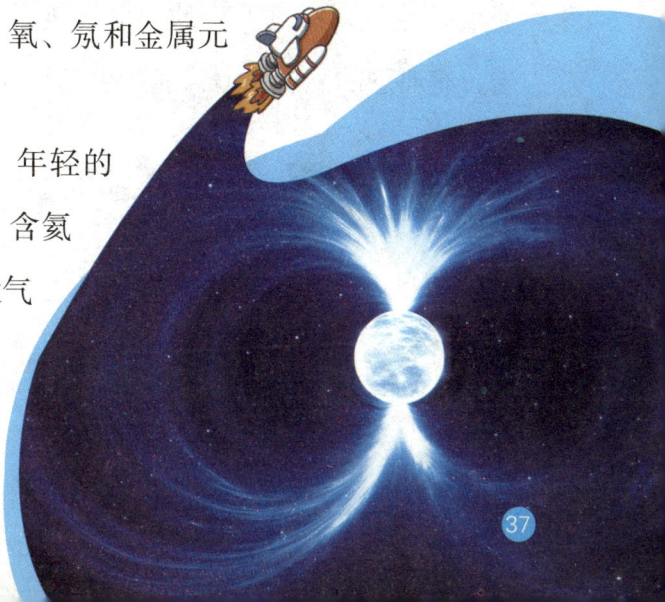

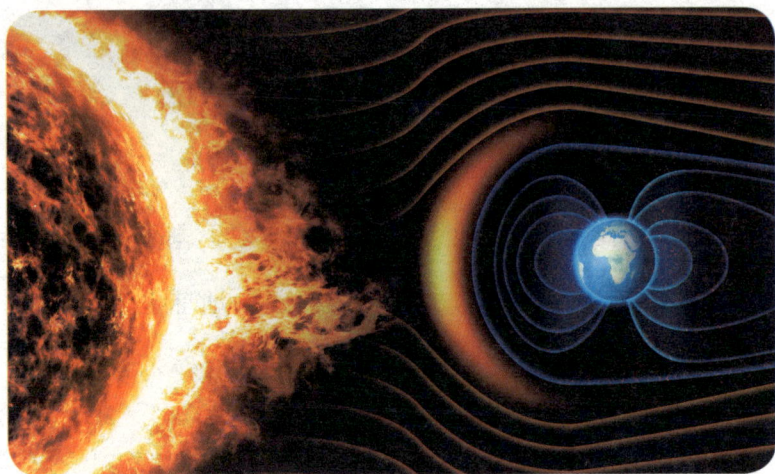

大气广而稀薄。恒星上的大气可分为 4 个层次：光球层，位于大气最内层，恒星几乎全部的光学辐射都由此发出；色球层，位于光球之上，这里发出的光很少，主要产生发射线；星冕层，位于色球之上，几乎被光球辐射掩盖，是 X 射线的产生地；恒星包层，处于大气的最外层，有典型的恒星光谱，能产生吸收线和发射线。

恒星磁场

恒星磁场是恒星内部有传导力的等离子运动产生的磁场，是恒星的基本物理特性之一。所有恒星都存在磁场并自转，就和地球一样，而且恒星的磁轴也不一定和它的自转轴重合。荷兰物理学家塞曼于 1896 年发现的塞曼效应可以用来测量恒星磁场。1946 年，美国天文学家巴布科克用大望远镜折轴摄谱仪测出了室女座 78 星的磁场强度，这是除太阳外人类第一个测出的恒星的磁场强度。

目前，人类已观测到 100 多颗磁场强度达到零点几特斯拉的恒星。具有强磁场的恒星叫磁星，其中磁场强度会发生变化的叫磁变星，一部分磁变星不仅磁场强度会变化，光度和光谱也会变化。磁星几乎都是磁变星。

磁星不仅仅表面磁场强度在变化，它的内部还在频繁地发生"星震"。星震是因为强磁场的运动

超神奇！

2020 年，中国科学院高能物理研究所的"慧眼"卫星团队观测出脉冲星 GRO J008-57 的表面磁场强度约为 10 亿特斯拉。这是迄今为止人类直接且非常可靠地测量到的宇宙中的最强磁场。

加热了恒星的外壳，产生极大的压力使磁星破裂。星震在形成的时候会爆发出非常强大的 γ 射线袭向宇宙，如果地球离磁星过近，那么星震爆发出来的能量会在一瞬间消灭所有人类。对于磁星强磁场的来源，科学家认为是恒星在形成过程中，星际物质中的磁场被冻结并保留了下来。

宇宙科学馆

有时候，恒星会不断地向外排放出大量气体和尘埃，形成星风。科学家通过分析恒星的光谱发现：有些恒星正在抛出气体，并以每秒上千千米的速度向外膨胀。这些现象可以作为星风存在的间接证据。可能所有的恒星都有星风，星风对恒星演化的影响仍在研究中。

恒星世界的"小胎儿"

　　每个人都要经历出生、长大、衰老、死亡的过程，恒星也不例外，但是恒星的寿命太长了，它们可能几十亿年都不会发生明显变化，不过人类还是观察到了不同年龄段的恒星，这样就可以研究它们的演化历程了。

星　坯

　　当宇宙发展到一定阶段，宇宙中充满了星云，大体

积星云内部物质很多，因此引力以很快的速度增长，由于物质分布不均匀，导致星云自身引力不稳定而开始坍缩。在坍缩开始阶段，气体云内部压力非常小，星际物质在自身引力作用下相互吸引，密度有了剧烈的提升，而且气体温度也大大增加。

这些星际气体与尘埃物质坍缩得越来越快，逐渐形成了较小的云团。这些云团又从周围吸引更多的气体和尘埃，就这样星云内部的压力随着密

超神奇！

很多研究表明，太阳稳定地保持着今天的状态已有50亿年了。因此，太阳在形成像今天这样的稳定状态之前肯定也经历过星坯阶段这一短暂的过渡阶段。

度与温度的增加而增加，所以在坍缩过程中，压力增长越来越快，直到在内部形成一个足以与自身引力相抗衡的压力场，最后这个压力场和引力的坍缩达到平衡，形成一个又浓又黑的云团，云团中心是一个密集核，这就是原始恒星的胚胎，叫作星坯，也叫星胎。

星坯的力学平衡是靠内部压力梯度与自身引力相抗衡形成的，而压力梯度的产生却是因为内部的温度不平衡（星坯中心的温度高于外围的温度）。可是在热学上，这个系统是不平衡的，热量会从星坯中心逐渐向外涌出。热量涌出后，星坯会缓慢地收缩，并通过降低引力位能来升高温度，然后恢复力学平衡；同时星坯也以引力位能的降低，来提供辐射所需的能量。这就是星坯演化的主要过程。

原恒星

恒星的星坯形成后并不稳

定，星坯中心的引力慢慢地吸引大量的气体从四面八方向内部坍缩，使星坯不断收缩。在星坯的收缩过程中，内部物质首先向中心坠落，重力能量转换为热能，气体越收缩温度就越高。然后逐渐扩大到外部物质向中心的坍缩，由此星坯的中心密度越来越大，温度也随之升高。星坯的温度和密度升高到一定程度后会停止，就成了原恒星。原恒星的体积较小，但密度很大。

宇宙科学馆

　　研究原恒星对于理解星系的构成和演化有重要作用。质量是影响恒星演化的重要因素之一。大质量恒星的中心压力大、寿命短、亮度高，小质量恒星则相反。恒星的演化过程主要受形成时的质量大小控制，星系对其影响不大，因此研究这些恒星的形成条件，就能反过来验证星系的构成。

恒星世界的"青少年"

主序星是恒星达到稳定期的标志，如同人类成长到一定阶段就会停止发育，恒星在演化到主序星阶段后也不会有大幅度的变化了。

主序前星

原恒星诞生后，在自身引力作用下进一步坍缩，半径逐渐减小到太阳半径那么大，密度随之大大增加。原恒星的中心被强烈压缩产生热辐射，在经过一定时间后，中心温度升高到700万摄氏度以上，氢原子核聚变为氦原子核的热核反应产生了巨大的能量，这样一来，原恒星内部的压力逐渐和自身的引力达到

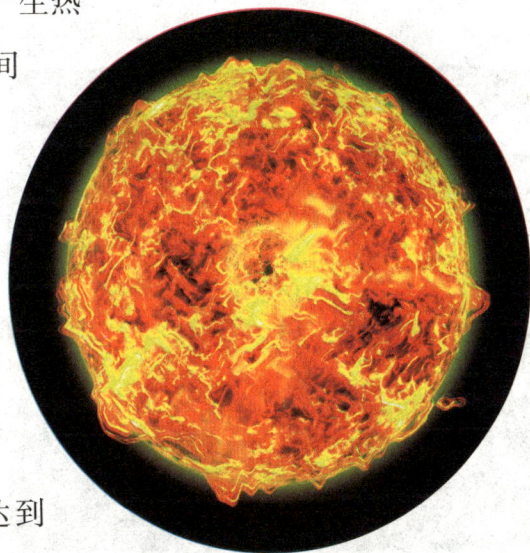

相对平衡的状态，最终坍缩停止。这时总质量不再增加，星体内部气体处于完全对流状态。原恒星就成长为主序前星，是恒星的少年阶段。

超神奇！

主序前双星是指恒星在主序前星阶段形成的双星系统。主序前双星非常特殊，因为它是在同一演化过程中形成的两颗主序前星，而且恰好形成了一个双星系统。

主序前星会继续向主序星演化。不同质量的主序前星演化成主序星所需的时间也不一样。质量越大，演化速度越快，到达主序星的时间越短；质量越小，到达主序星的时间越长。

主序星

随着主序前星内部的温度不断升高，氢原子核聚变为氦原子核的热核反应持续不断地发生。当热核反应产生的巨大辐射能使恒星向外的辐射压力和气体压力增高到足以与向内引力相抗衡时，恒星就停止收缩，进入一个相对稳定的时期，也就成了青年阶段的主序星，这是恒星一生中最辉煌、活力最充沛的时期。恒星到达主序星阶段的标志就是内部发生了持续的热核反应。

恒星的一生中约有 90% 的时间处于主序星阶段。目前人类发现的恒星，90% 以上是主序星。它们共同的特征是内部有氢正在燃烧，它们的光度、半径和表面温度都有所不同。主序星的差别主要是质量不同，其次是它们的年龄和化学成分不同。太阳处在主序星阶段的时间大约会持续 100 亿年。

恒星停留在主序星阶段的时间由它们的质量决定。

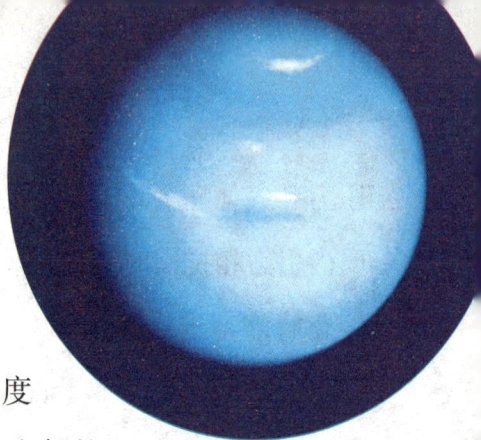

恒星的质量越大，为了抵抗自身强大的引力使星体保持稳定，就要释放更强的辐射压，因此热核反应的强度就强，燃料消耗得也快，因此它们的青年期比较短；质量小的恒星热核反应的强度就比较弱，燃料也消耗得慢，因此它们的青年期比较长。

科学家经过模型计算发现，当恒星的质量小于0.08倍太阳质量时，恒星内部的温度和压力将达不到核聚变的条件，也就无法形成主序星，这就表明主序星的质量存在下限。理论上主序星的最大质量大约是100倍太阳质量。质量太大的恒星辐射压太强，内部的能量燃烧也很剧烈，因此结构也会不稳定。

宇宙科学馆

主序星根据其质量的不同，会有不同的演化结果：质量小于0.08个太阳质量的主序星无法形成恒星，而会变为褐矮星；质量为0.08～0.5个太阳质量的主序星会形成红矮星；质量为0.5～1.2个太阳质量的主序星被称作黄矮星，太阳就是黄矮星。

恒星世界的"壮年"

在漫长的主序星阶段，恒星的核心区在不断燃烧，它们的光度和温度几乎不会发生改变，那么在主序星的下一个演化阶段，恒星会变成什么样子呢?

恒星膨胀——红巨星

处于主序星阶段的恒星，核心部分不断地燃烧氢来发生核聚变，并释放出大量原子能，形成辐射压。其向外的辐射压会对抗它自身向内收缩的引力。氢以极快的速度燃烧，在中心聚变形成氦核。随着时间的延长，氦核不断累积变大，周围的氢越来越少，中心核产生能量的效率降低，渐渐无法维持其辐射压力，于是平衡被打破，引力占了上风。恒星的重力使中心区域的氦

核开始收缩，其密度、压强和温度持续升高，氢开始向氦核周围的壳层里蔓延燃烧。这以后恒星演化的过程是：燃烧壳层内部的氦核向

宇宙科学馆

当恒星处于红巨星阶段时，体积会迅速膨胀，同时它的外表面离中心越来越远，所以温度将随之降低，发出的光也就越来越偏红。

内收缩并变热，在温度超过一定限度后，核心位置的氦原子开始燃烧，接着碳原子也加入燃烧行列。外壳则向外膨胀并不断变冷，表面温度大大降低。这个过程会持续数十万年，这颗恒星的体积会膨胀很多倍，这个过程

中恒星的颜色也会改变，我们称这种状态下的恒星为红巨星。

红巨星的表面温度相对很低，但它们的体积巨大，直径一般都比太阳大几十倍。红巨星极为明亮，我们能用肉眼看到的许多亮星都是红巨星，如参宿四、毕宿五、大角星、心宿二等。太阳也将在大约 50 亿年后变成一个红巨星，那时它的体积和亮度都将大幅增加。

体积庞大的超巨星

在红巨星中，还有一种超巨星，它的光度可达到太阳的 1000 倍到 100 万倍，是光度最高的恒星。超巨星分为蓝超巨星（O 型到 A 型）、黄超巨星（F 型到 K 型早期）、

红超巨星（K 型晚期到 M 型），占据了所有类型。光度相同时，红超巨星会比蓝超巨星更巨大。

超巨星的体积极为庞大，有的比太阳大几百倍乃至数十万倍，但质量一般只有太阳的几倍至几十倍，因此它们的密度较小。有的超巨星的密度只有水密度的千分之一。原来这些恒星世界的庞然大物只是"徒有虚名"而已！

超神奇！

超巨星体积大，光度高，但寿命不长。它们会很快消耗完所有的核"燃料"，以超新星爆发的方式结束一生。

恒星世界的 "老者"

红巨星一旦形成，就将朝恒星的下一阶段——白矮星进发。白矮星是一种很特殊的天体，它的体积小，亮度低，但质量大，尤其是密度出奇的大。

超神奇！

白矮星大多是双星的成员，也有一些是单星。范马南星是1917年荷兰天文学家范马南发现的第一颗单独白矮星。

形成过程

白矮星是一种晚期的恒星。根据现代恒星演化理论，白矮星是在红巨星的中心形成的。

当红巨星的辐射压力不能平衡引力，外部区域迅速膨胀变冷，内部的氦核却受反作用力而强烈向内收缩，被压

宇宙科学馆

虽然白矮星表面的温度并不低，但它的能量不大，且没有足够的能量来源，所以白矮星将逐渐变暗并冷却。经过漫长的时间后，白矮星将不再发出可见光，并最终变成体积更小、密度更大、更为暗淡的黑矮星。

缩的物质不断变热，最终内核温度将超过1亿摄氏度，于是氦开始聚变成碳。

经过几百万年，氦核燃烧殆尽，那时恒星的结构组成就不那么简单了：外壳仍然是以氢为主的混合物，而在它下面有一个氦层，氦层内部还埋有一个碳球。核反应过程变得更加复杂，中心附近的温度继续上升，最终使碳转变为其他元素。

与此同时，红巨星外部开始发生不稳定的脉动振荡：恒星半径时而变大，时而缩小，稳定的主星序恒星变为极不稳定的巨大火球，火球内部的核反应也越来越趋于不稳定状态，忽而强烈，忽而微弱。这时恒星内部核心的密度也越来越大，我们可以说，此时，在红巨星内部已经诞生了一颗白矮星。

奇特的白矮星

第一颗被人们发现同时也是目前观测到的最亮的白矮星是天狼星的伴星天狼星 B（8 等星）。1834 年德国贝塞尔发现天狼星在星空的移动轨迹呈波浪形，猜想是由一颗伴星对它的引力作用所致。1862 年这颗伴星被美国光学家克拉克观测到。天狼星 B 的密度为水的 380 万倍，因此，它虽然体积与地球相差无几，质量却和太阳

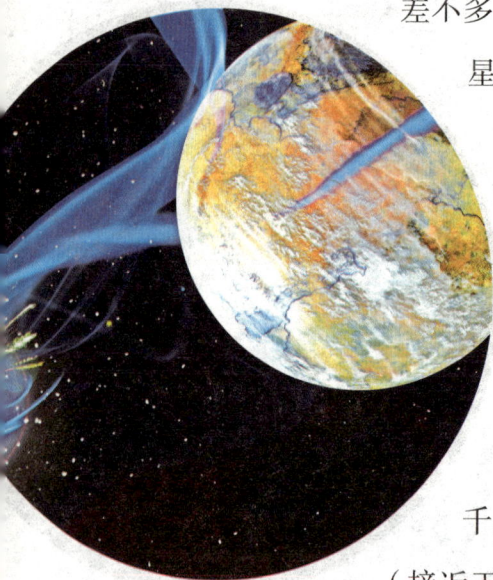

差不多。随后人们陆续发现一些白矮星，其中，有的是双星成员，有的是单星。

最为奇特的白矮星就是美国天文学家在2010年9月观测到的一颗"钻石星球"，它叫BPM37093，又被称为"露西"，直径达4000千米，核心是密度极高的结晶碳（接近于钻石）。

2007年11月，美国天文学家在银河系发现了8颗走完一生的奇特白矮星。它们的大气中含有碳，但几乎没有氢和氦，打破了先前的分类模式。因此这完全是一种新型的恒星。

2014年，天文学家发现了一颗年龄达到110亿岁的白矮星，它距离地球约900万光年，它的表面温度之低已经使它结晶化，也变成了一颗"钻石星球"，它是迄今为止人类发现的温度最低、亮度最暗的白矮星。

恒星世界的"能源库"

　　白矮星的巨大密度令人惊叹不已，但它并不是密度最大的恒星，在宇宙中有一种密度更大的恒星，即中子星。中子星每立方厘米的质量可达 1 亿吨以上！一颗半径仅为 10 千米的中子星的质量就已经能与太阳的质量相提并论了。

超级密度——中子星

　　同白矮星一样，中子星是处于演化后期的恒星，它也是在老年恒星的中心形成的，只不过能够形成中子星的恒星，其质量更大罢了。当一颗质量比太阳还要大的恒星步入晚年，它在爆炸坍缩过程中产生的巨大压力，会使其内部的物质结构发生很大的变化。在这种情况下，不仅原子的外壳被压破了，连原子核也被压破了。原子核的质子和电子被挤了出来，质子和电子挤

到一起又结合成中子，最后，这些中子紧密地挤在一起，便形成了超密度恒星——中子星。

科学家通过计算认为，老年恒星的质量只有达到一定程度才能成为中子星，否则就会成为白矮星。

超神奇！

中子星的辐射能量惊人，约为太阳的 100 万倍，是无与伦比的能源宝库。按照目前世界上的用电情况，如果把中子星在 1 秒钟内辐射的总能量全部转化为电能，足够人类用上几十亿年！

中子星还不是恒星的最终归宿，它还会继续变"老"。由于中子星的温度高，能量消耗也快，因此它的寿命只有几亿年。当中子星的能量消耗殆尽，将变成不发光的黑矮星。

中子星与白矮星的区别

中子星与白矮星的区别，不只是生成它们的恒星质量不同，它们的物质存在状态也是完全不同的。

简单地说，白矮星的密度虽然大，但还在正常物质结构能达到的最大密度范围内：电子还是电子，原子核还是原子核。而在中子星里，压力是如此之大，以致白矮星中的简并压力再也承受不起了——电子被压缩到原子核中，与质子中和为中子，原子变成仅由中子组成，整个中子星就是由这样的原子核紧挨在一起形成的。

在形成的过程方面，中子星和白矮星是非常类似的。当恒星外壳向外膨胀时，它的核受反作用力而收缩，核在巨大的压力和由此产生的高温下发生一系列复杂的物理变化，最后形成一颗中子星内核。

中子星的辐射

　　中子星与其他星体（如太阳）发光的位置不一样，太阳是表面到处发光，中子星则只有两个相对的小区域能辐射出光来，其他地方的辐射是跑不出来的。就是说中子星表面只有两个亮斑，别处都是暗的。这是为什么呢？原来，中子星本身存在着极强的磁场，强磁场把辐射封闭起来，使中子星辐射只能沿着磁轴方向，从两个磁极区出来，这两个磁极区就是中子星的"窗口"。中

子星的辐射从两个"窗口"出来后，在空中传播，形成两个圆锥形的辐射束。若地球刚好在这束辐射的方向上，我们就能接收到辐射了。

宇宙科学馆

科学家计算，中子星的总质量不能大于太阳质量的3倍。如果超过了这个数值，那么中子星将再没有什么力能与自身重力相抗衡了，从而引发另一次大坍缩。中子星进一步坍缩就会形成黑洞，因此天文学上也称黑洞为坍缩星。

恒星世界的"变色龙"

宇宙中有一种非常特别的恒星，它们的亮度时常会发生变化，天文学上把这些亮度不定的恒星叫作变星。

变星亮度变化的原因

为什么变星的亮度会变呢？原因有很多种。有的是由位置的变化引起的，比如有一种食变星，实际上是两颗靠近的恒星，它们的位置经常变换，就像在捉迷藏，相互遮掩，有时看起来就像是一颗星，因此亮度时常发生变化。还有的变星亮度变化是由物理因素造成的，例

如有一种脉动变星，大多是处于崩溃边缘的老年恒星。这些星体时而膨胀，时而收缩，因此也时明时暗。以上两种变星明暗交替的时间大多是有规律的。还有的变星变化的形式和原因都很复杂，所以亮度变化也非常复杂。

按照光变原因，我们可以把变星分为内因变星（物理变星）、外因变星（几何变星、光学变星）两大类。物理变星又可被分为三类，即脉动变星、爆发变星、激变变星，每类又可被分为几种类型。

最有名的变星是造父变星，这是脉动变星中的一种，它的发光本领

超神奇！

如今科学家在银河系发现的变星已经有5万余颗了，还发现了其他星系的上万颗变星及万余颗疑似变星。

越强，光变周期也越长。这种规律被称为周光关系。在测量未知的星团、星系时，只要观测到其中的造父变星，就能利用周光关系确定星团、星系的距离。

脉冲星

脉冲星是变星的一种。脉冲星是在 1967 年首次被发现的。当时，还是一名研究生的贝尔女士，发现狐狸座有一颗星会发出一种周期性的电波。经过仔细分析，科学家认为这是一种未知的天体。因为这种星体不断地发出电磁脉冲信号，人们就把它命名为"脉冲星"。

脉冲星发射射电脉冲有周期性规律。一开始，人们对此很困惑，甚至曾想到这可能是外星人在向我们发电报。后来经过几位天文学家一年的努力，终于证实，脉冲星就是正在快速自转的中子星。而且，正是由于它的快速自转而发出射电脉冲。

宇宙科学馆

地球自转一周需约24小时，而脉冲星的自转周期可以达到毫秒量级，可见它转得有多快。唯有如此，它才能发出人类可以接收到的射电脉冲，从而被人类发现。

正如地球有磁场一样，恒星也有磁场；也正如地球在自转一样，恒星也在自转着。恒星的磁场方向不一定跟自转轴在同一直线上，这一点也与地球类似。这样，每当恒星自转一周，它的磁场就会在宇宙空间画一个圆，而且可能扫过地球一次。它每自转一周，我们就接收到一次它辐射的电磁波，从而形成一断一续的脉冲，就像海上灯塔的灯不断旋转并发光一样，因此这种脉冲现象也被称为"灯塔效应"，脉冲星的电磁脉冲信号的周期其实就是脉冲星的自转周期。

所有恒星都能发出脉冲吗？其实不然，要发出像脉冲星那样的射电信号，需要很强的磁场。体积越小、质量越大的恒星，它的磁场才越强。中子星正是这样高密度的恒星。另外，恒星体积越大、质量越大，它的自转周期就越长，无法形成脉冲。这同样说明，只有高速旋转的中子星，才可能扮演脉冲星的角色。

恒星世界的"死神"

新星是亮度在短时间内剧增，然后缓慢减弱的一类变星。新星在发亮之前一般都很暗，甚至用望远镜也看不到，而一旦发亮后，有的用肉眼就能看到。仅在银河系，就已经发现超过 200 颗新星。

新星和超新星的形成

新星和超新星是变星中的一个类别。人们看见它们突然出现，曾经以为它们是刚刚诞生的恒星，所以取名为"新星"。其实，它们不是新生的星体，而是正走向衰亡的老年恒星。

当一颗恒星步入老年，它的中心会向内收缩，而外壳却朝外膨胀，形成一颗红巨星。红巨星很不稳定，总有一天

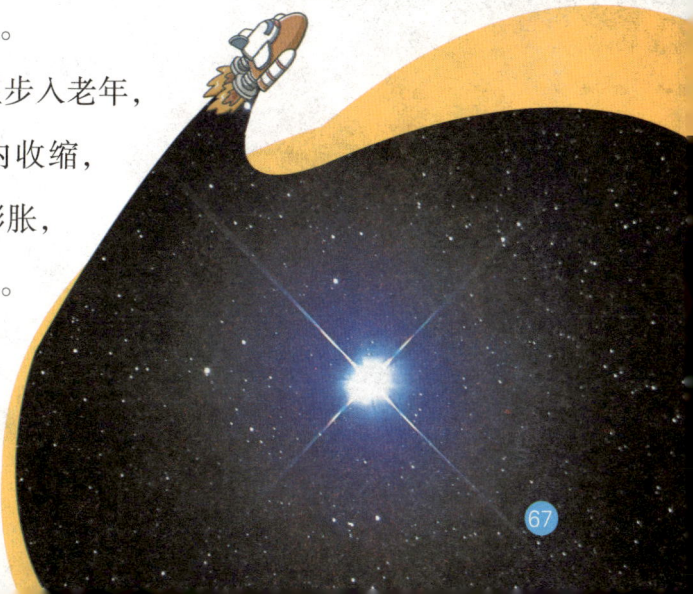

它会猛烈地爆发，抛掉身上的外壳，露出藏在中心的白矮星或中子星来。在大爆炸中，恒星将抛射掉自己大部分的质量，同时释放出巨大的能量。这样，在短短几天内，它的光度有可能增加几万倍甚至几百万倍，这样的恒星叫"新星"。如果恒星的爆发再猛烈些，它的光度甚至能增加1000万倍，这样的恒星叫"超新星"。

新星和超新星的爆发

新星或者超新星的爆发是天体演化的重要环节，是老年恒星的辉煌葬礼，也是新生恒星的推动力量。另外，新星和超新星爆发时产生的灰烬，也是形成其他天体的重要材料。比如说，今天我们地球上的许多物质元素就来自那些早已消失的恒星。

关于超新星爆炸的原因，目前还处于猜测、设想阶段。目前多认为其爆炸很可能是恒星内层向中心坍缩时极其迅速

地释放出来的引力势能所引起的，这个观点同"黑洞"理论有些相仿。

最早的超新星记录

超新星早在我国古代的史书中就有记录，最著名的一次是在北宋：1054 年 7 月的一个清晨，天空中突然出现了一颗非常耀眼的星星，在大白天也能看得十分清

超神奇！

北京天文台李卫东博士于 1996 年发现了两颗银河系外的超新星，这两颗超新星分别被命名为 SN1996W、SN1996Bo，其中 SN1996W 是当年国内外发现的最亮的一颗超新星，也是中国人第一次发现银河系外的超新星。

楚，这颗星星一直持续了23天才渐渐暗淡下去。这颗超新星被称作"天关客星"，处于金牛座中。到了18世纪，有一位英国天文学家用望远镜观测"天关客星"出现过的那片天空，发现了一团云雾状的东西，其形状有点儿像螃蟹，人们就把它叫作"蟹状星云"，它其实就是这颗金牛座超新星爆发后的遗迹。经研究发现，这团星云还在不断膨胀。根据其膨胀的速度及其形状的大小，推算出它开始膨胀的时间正是我国宋代时看到的那颗超新星出现的时间。

宇宙科学馆

爆发次数为2次或超过2次的新星称为再发新星。再发新星爆发的时间是不确定的，短则几年，长则几十年，甚至更长时间。

结伴而行的双星

宇宙中的恒星也并非全是孤单的，如果你用望远镜观测星空，看到一些恒星成双成对地靠在一起，那么你就有可能看到了"双星"。

什么是双星

双星是指两颗靠得非常近的恒星在引力作用下相互绕转的恒星系统。其中较亮的一颗，被称为"主星"；较暗的一颗，被称为"伴星"。双星的颜色五彩缤纷，两颗子星双双争艳。双星的主星质量有比伴星质量大的，也有比伴星质量小的。有许多双星距离很近，天文学家依靠用分光方法得到的光谱，才能发现它们是两颗恒星，这种叫"分光双星"。有的用望远镜就能把两颗子星分辨开来，这种

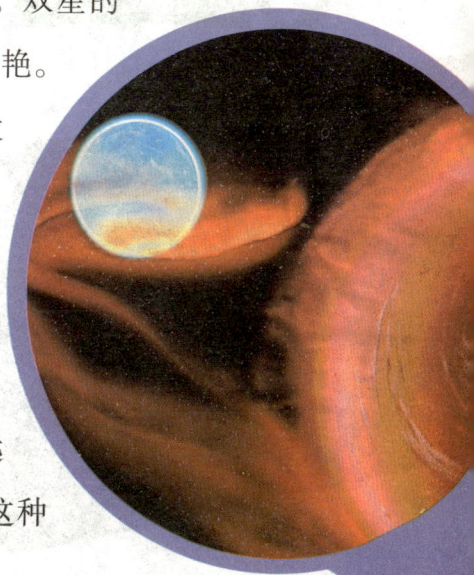

是"目视双星"。

有的双星在相互绕转时，会发生类似日食的现象，因此这类双星的亮度会发生周期性变化，我们称之为"食双星"或"食变星"。还有的双星，不但相互之间距离很近，而且有物质从一颗子星流向另一颗子星，这种被称为"密近双星"。

超神奇！

著名的亮星——天狼星就是由两颗恒星构成的双星体，属于目视双星。主星天狼A的质量为太阳的2.02倍，是一颗正处于青壮年的恒星，而伴星天狼B是一颗质量仅为太阳的0.978倍的处于生命后期的白矮星。

双星的演变过程

对天体物理学家来说，双星是能提供很多信息的天体，从双星身上人们可以得到比单个恒星更多的信息，如恒星演化的秘密。

在浩瀚的银河系中，我们发现的半数以上的恒星都

是双星体，它们之所以有时被误认为是
单个恒星，是因为构成双星的两颗
恒星相距得太近了。它们绕共同
的质量中心做椭圆形轨迹运动，
以至于我们很难分辨它们。

　　双星是处于不断演变中
的。最初，A 星质量较大，B 星
质量较小。之后正如单个恒星演化
过程一样，质量较大的恒星演化得很
快，A 星首先膨胀为一颗红巨星，而其内部
已经形成了一个白矮星氦核。当 A 星开始进入 B 星的引
力范围时，A 星不断有物质被吸引到 B 星，这使得 A 星
的老化进程急剧加快，并以更快速度膨胀。数万年后，A
星大部分物质将被 B 星吸收，质量仅仅剩下原来的 1/5 左
右，而 B 星质量则增至原来的 2 倍多。

　　这样，双星的质量对比发生了明显变化：A 星成了
质量较小的致密的白矮星，而 B 星由于吸收了 A 星的大
部分质量，成为双星中质量较大的恒星。A 星膨胀的外
壳逐渐降落在小白矮星上，而质量较大的 B 星正处于中
年期，它继续正常的恒星演化，并进入红巨星阶段。此

时，A 星的强大引力将慢慢吸引 B 星表面上的物质。以后的时间里，B 星由于丢失大量物质迅速老化膨胀；A 星则可能由于吸附了大量物质而塌陷成中子星甚至黑洞。B 星将最终发生超新星爆发而结束其一生，它会把身体的大部分质量抛向宇宙，而在其中心留下一个致密的白矮星或中子星。

　　一对双星就这样转化成一对仍然相互作用并转动的白矮星、中子星或黑洞。由于其间复杂的引力作用，双星的演化过程比单个恒星要短得多。这些特点，使我们有机会看到恒星演化的更多奇观。

宇宙科学馆

　　双星中的每一颗恒星都是沿着椭圆形轨道运行的，而单颗的恒星不是这样运行的。如果我们看到天空中有颗恒星在沿椭圆形路线运动，却看不到它的"同伴"，那就值得仔细研究了。我们可以把那颗恒星运行的椭圆形轨道的大小、运行一周用的时间都测量出来。有了这些，就可以算出那个看不见的"同伴"的质量有多大。

恒星里的 "大哥" 和 "小弟"

据科学家推测,银河系中有约 2000 亿颗恒星,而在目前观测到的宇宙范围内,存在着至少 1000 亿个星系。那么在数量这么庞大的恒星中,质量最大和最小的恒星分别是谁呢?

特大恒星——沃尔夫 – 拉叶星

1867 年,瑞士天文学家夏尔·沃尔大和若尔日·拉叶在巴黎天文台对他们发现的 3 颗天鹅座的 8 等星的异常光谱进行分析时,发现这些恒星的发射线宽而强烈,

其温度、光度和质量损失率都异常高，恒星风也极为强烈。于是，他们判断这些恒星的质量一定大得惊人。由此，人类开启了对大质量恒星的研究，那3颗恒星也被称为沃尔夫－拉叶星，简称"WR星"或"W星"。后来，美国天文学家皮克林又发现沃尔夫－拉叶星的光谱与星云光谱相似，于是得出结论：部分乃至全部的沃尔夫－拉叶星是行星状星云的中心星。目前，银河系发现的沃尔夫－拉叶星已经有约500颗，其他星系的候选星达到数千颗。拥有众

超神奇！

经典（星族Ⅰ）沃尔夫－拉叶星的光度十分惊人，能达到太阳光度的几十万倍，且它们的外部已没有氢，完全靠核心的氦或重元素进行燃烧。

多沃尔夫－拉叶星的星系，被称为沃尔夫－拉叶星系。

沃尔夫－拉叶星的表面温度达到了 30000～200000 开尔文，远高于一般的恒星，这也导致它们的光度远远超过普通恒星。沃尔夫－拉叶星的体积一般不算太大，但是质量却大得惊人，例如肉眼可见的亮度最高的沃尔夫－拉叶星——天社一（船帆座 γ 星），质量达到太阳的 6 倍。正因其质量惊人，因此很不稳定，演化得非常快，很快就会离开主序星阶段，抛出大气，仅留下氦核。

小质量恒星——红矮星

红矮星是主序带上的小质量恒星，颜色偏红，它们的质量多数不及太阳的一半。根据探测，银河系中大部

分恒星都是红矮星。红矮星的质量小，内部的核反应比较弱，发出的辐射自然也就弱了很多，有的红矮星的辐射强度不足太阳的万分之一。

距离太阳最近的恒星——比邻星（半人马座 α 星 C），就是一颗红矮星。比邻星是三合星中的一员，质量仅为太阳的十分之一左右，虽然离地球很近（4.22 光年），肉眼却完全看不到，视星等为 11.05。

有趣的是，科学家推测，由于红矮星核聚变缓慢、寿命长，可以保持几十亿年乃至更长的稳定状态，适合

生命的出现。例如，距离地球约 20 光年的红矮星格利泽581 的行星格利泽 581c、格利泽 581g，都是著名的类地行星，很可能适合人类居住并已经有某种形式的生命存在了。

宇宙科学馆

　　一颗恒星的核聚变效率取决于恒星的质量。质量越小，核聚变效率就越低，燃烧的时间就越长。因此，红矮星可以持续燃烧的时间要远远长过太阳的寿命。事实上，哪怕再过上千亿年，今天我们已知的很多红矮星仍然能发出暗淡的光芒，而那时，我们的太阳早就熄灭了。

最熟悉的恒星

地球对太阳的依赖是我们无法想象的，太阳影响着地球的方方面面。没有太阳，地球上就不可能有姿态万千的生命现象，当然也不会孕育出人类的文明。目前我们对太阳的了解有多少呢？

太阳既重要又普通

太阳给予了人类光明和温暖，也为地球上所有生命提供了各种形式的能源。虽然对地球来说，太阳是无与伦比的，但是在浩瀚的宇宙中，太阳也只是一颗极其普

通的恒星。

虽然在地球上看太阳只有圆盘那么大，但其实它是太阳系中的一个巨无霸。太阳的直径约140万千米，大约是地球的109倍。如果把地球装进太阳的肚子里，要130万个地球才能装满。太阳的质量也大得惊人，相当于33万个地球质量的总和，所以太阳才有足够大的引力拉着太阳系的成员绕着它旋转。

太阳从表面到中心，均由气体构成，其中最多的是氢、氦之类的轻质气体。太阳的中心温度高达1500万摄氏度，表面温度为6000摄氏度，氢原子和氦原子在高温、高压下发生激烈的碰撞，其中较轻的氢原子核聚合成较重的氦原子核，同时释放出大量的能量，这个过程就是热核聚变。热核聚变是太阳能源的来源。

现在太阳的年龄约为46亿岁，它还可以继续燃烧50多亿年，届时将会迅速增加亮度，再过数亿年，太阳

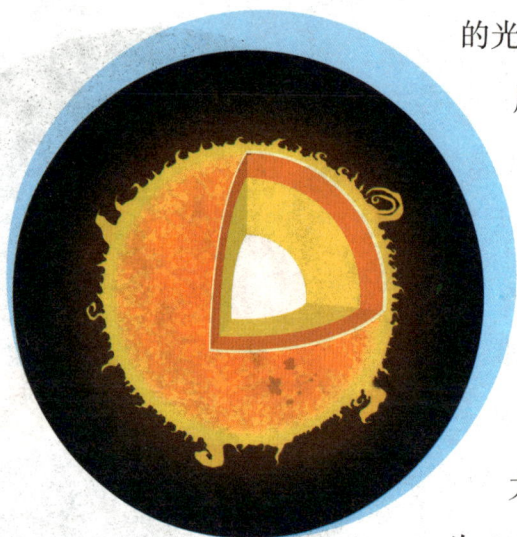

的光芒逐渐减弱，膨胀的外层开始收缩，并慢慢冷却成白矮星，整个太阳系会陷入一片黑暗和冷寂。

太阳的分层结构

太阳从中心到边缘共分为4个层次：核心区、辐射层、对流层和太阳大气。核心区也叫日核，是太阳的中心部分，它的半径大约为太阳半径的1/4，太阳的大部分质量都集中在这里。核心区是发生热核反应的区域，也是太阳巨大能量的源泉。

辐射层包裹着核心区，核心区产生的能量通过辐射层，以辐射的形式散发出去。对流层在辐射层外，太阳的大气在这里呈现对流状态，因

宇宙科学馆

日冕的形状随太阳活动的强弱而不断变化，在太阳活动极大年，日冕的形状是接近圆形的，而在太阳活动极小年则往往呈椭圆形。

此叫作对流层。

太阳大气由 3 个层次构成，包括光球层、色球层和日冕层。太阳大气的最底层是光球层，厚几十到几百千米；中层是色球层，由光球层向外延伸形成，平均厚度约为 2000 千米；色球层的外层就是日冕层，它是极度稀薄的气体，可以延伸数百万千米甚至更远。

超神奇！

太阳的上缘呈蓝色和蓝绿色。这两种光穿过大气层时，蓝光受到强烈散射，几乎看不见，绿光却可以自由地穿透大气。因此，有时可以看到绿色的太阳。

最亮的恒星

夜空中繁星漫天，我们能用肉眼看到的最亮的恒星就是天狼星。天狼星是一颗非常受关注的恒星，在世界各地的文化中，有不少关于天狼星的传说。

天狼星的传说

天狼星也叫"犬星"，是大犬星座 α 星，也是全天除太阳外最亮的恒星，视星等为 –1.46。天狼星是一颗蓝白色的主序星，表面温度约 10000 开尔文，直径 251 万千米，约为太阳的 2 倍，距离地球约 8.65 光年。

在我国古代星象学说中，人们认为天狼星是"主侵略之兆"的恶星，它会带来灾难。在希腊语中，天狼星的名字是"烧焦"的意思。古希腊人认为，夏天时，天狼星和太阳同时从东方升起，二者的光结合在一起，才让夏天变得如此炎热。古埃及人将天狼星称为"水上之星"。每

超神奇！

我国古人将船尾座和大犬座的部分星星组合在一起，将其想象成横挂在南天的一副弓箭，箭头正对着天狼星。宋代诗人苏轼在《江城子·密州出猎》中写道："会挽雕弓如满月，西北望，射天狼。"词中的"天狼"即指天狼星，作者用天狼星隐指处于西北方的入侵者。

年夏天天狼星和太阳一起从东方升起时，正是尼罗河泛滥的季节。由于尼罗河的泛滥，灌溉了土地，有利于农业生产，因此埃及人将天狼星视若神明，甚至将天狼星升起的那一天定为一年的开始。

天狼星变色之谜

今天，我们知道天狼星是一颗蓝白色的主序星，肉眼看起来是白色偏蓝的。但是在古人的描述中，天狼星却是红色的。例如，生活在公元 2 世纪的古罗马天文学

家托勒密，就说天狼星是深红色的，阿拉托斯等古希腊诗人也认为天狼星是一颗红色的亮星。到了 19 世纪，天文学家们提出了种种假说，并为此争论不休。

有人认为，古人观察天狼星时，该星正好接近地平线，因而出现了视觉假象。至于说天狼星的主序演化在数千年间出现颜色变化，几乎是不可能的，因此又有一些天文学家将目光转向天狼星的伴星，推断伴星的遮掩或突然爆发，影响了人们肉眼中天狼星的颜色。还有的天文学家认为，天狼星的伴星是一颗白矮星，而在 2000

多年前它还是一颗红巨星，二者相伴一边旋转一边前进，古人无法将白色的天狼星从伴星的红色光芒中分辨出来，从而出现误判。目前，以上假说依然都无法得到验证，天狼星变色之谜至今没有解开。

天狼星的伴星

天狼星存在伴星是德国天文学家贝塞尔在 1834 年提出的假说。他认为，天狼星运动中的微小摆动是一颗伴星重力吸引的结果。

1862 年，美国天文学家克拉克首次看到了这颗伴星。它是一颗白矮星，与主星的距离，约等于太阳到天王星

的距离，两星绕转周期为 50 年。

天狼星的伴星被称为天狼星 B，直径比地球还小，质量却与太阳相当，它的密度之人可想而知，重力达地球的 55 万倍。也就是说，在地球上几十千克的人，到了天狼星 B 的表面就重达几千万千克。作为最早被发现的白矮星之一，天狼星 B 越来越引起天文学家的重视，它是研究白矮星的理想样本。

宇宙科学馆

天狼星与天狼星 B 是典型的天测双星，即先从天狼星移动波浪路径推测出其为有伴星的双星，再通过观测发现其伴星。

恒星世界的"冒牌货"

类星体是一种活动性很强的活动星系核。类星体的光度惊人，移动速度快，一直以来颇受天文学家关注。

类星体的发现

类星体是 20 世纪 60 年代天文学上震动世界的"四大发现"之一。1960 年，美国天文学家桑德奇和马修斯观测到一个名叫 3C48 的射电源，这是人类最早观测到的类星体。其后，天文学家又陆续观测

宇宙科学馆

活动星系是指有猛烈活动现象或者剧烈物理过程的星系。常见的活动星系除类星体外，还有赛弗特星系、耀变体和射电星系等。

到类似于 3C48 射电源的天体，这类天体不是恒星，光谱像行星状星云但又不是星云，发出的无线电波像星系又不是星系，因此人们称这类天体为"类似恒星天体"，简称"类星体"。但随着科技的发展，科学家发现类星体其实属于星系的范畴。

类星体的两大类型

类星体分为两大类：一类

是类星射电源，一类是蓝星体。类星射电源能够释放出强大的紫外辐射，而蓝星体的辐射能力则远远低于类星射电源。在目前所发现的类星体中，蓝星体的数量是最多的。

类星体的能量

天文研究表明，类星体的直径非常小，体积也不是很大，

超神奇！

2015 年，中国科学院云南天文台用 2.4 米口径的光学望远镜发现了一颗距离我们 128 亿光年的超亮类星体。这是目前发现的宇宙中最亮、中心黑洞质量最大的类星体。

但是它们的光度异常惊人，能量巨大，远远超过银河系。类星体为什么能够产生如此巨大的能量呢？多数天文学家认为类星体的中心存在一个巨型黑洞，这个黑洞以极高的速度吸引和吞噬着周围的物质，同时以辐射的形式释放出了巨大的能量。

类星体的运动速度

　　类星体的另一显著特点是具有很大的红移，即它正以飞快的速度远离我们。类星体的运动速度惊人，甚至可以超越光速，被称为视超光速现象，这违背了相对论，因而是不可能的，实际上是几何效应导致的错觉。